DIE UHR

UWE TELLKAMP

Der Tag	7-24	39-57	*Die Nacht*

DIE UHR

UWE TELLKAMP

Der Tag

DAS RITUAL

Anfang ist nicht Beginn. Der Uhrmacher wird von der Uhr geboren, von Uhrmachern erzogen. Der Uhrmacher wird früh aufstehen, denn das Ticken ist ihm Mahnung genug. Ruft die Uhr, ist er bereit. Ihr gehören die besten Stunden. Die Uhr ergibt sich ihm nicht; der Uhrmacher wird sie kennen müssen, um sie zu erkennen. Um die Uhr zu kennen, muß er sich kennen. Um sich zu kennen, muß er sich kennenlernen. Das Kennenlernen geschieht in den Prüfungen des Lebens, und was die Uhr ist, wird ein Fremder sagen. Beobachtung, mit dem nötigen Maß an Interesse verbunden, läßt die einzelnen Teile der Uhr in den flimmernden Zustand der Wirklichkeit geraten; darin wird sie verfügbar, die Uhr vermag dasjenige zu werden, das der Uhrmacher, nicht die Lehre, in ihr sieht.

Der Uhrmacher sollte den Bezirk, in dem seine Kunst aus dem Stadium der Abwehr des Außen ins Stadium der Öffnung ins Innen gelangt, wach betreten und wach verlassen; die Vergnügungen der Nacht und des vorigen Tages haben nichts mit der Arbeit an der Uhr zu tun. Diese geschieht auch im Schlaf, doch muß es Phasen geben, in denen der Uhrmacher nicht tätig ist. Die Pause gehört zur Arbeit. Setzt er sich an den Tisch, sollte es mit der lichten Konzentration geschehen, die der Jäger beim Anblick des Wilds erreicht. Die Eleganz des Einkreisens steht in direktem Verhältnis zur einkreisenden Kraft; zwischen dem Maß an Abgeschiedenheit von der Außenwelt und dem Erscheinen des Wilds besteht eine Beziehung. Der Uhrmacher kämpft anfangs gegen die Uhr, nach und nach schwinden die

Kennzeichen der Konfrontation, Gewöhnung tritt ein; die Uhr begreift, daß des Uhrmachers Kampf eine Form von Werbung ist und, bei gleichbleibender Energie dieses Austauschs, mit Liebe beantwortet werden sollte. Die Gesetze dieser Werbung bleiben rätselhaft, dennoch existieren sie – ebenso jener Punkt, der alle Fragen des Uhrmachers in Antworten der Uhr, alle Fragen der Uhr in Antworten des Uhrmachers auf eine Weise tauscht, daß ein Gleichgewicht entsteht. Dieser Zustand wird von Erschöpfung begleitet, die noch nicht die äußerste der äußersten Annäherung an das ist, was der Uhrmacher als Vollendung kennt und als Vollkommenheit nicht auszusprechen wagt. Die Vollendung ist der höchste Gütegrad. Die Meister streben auch bei den verborgensten Teilen der Uhr nach Vollendung.

II

DAS WERKZEUG

Der Uhr gilt die Leidenschaft, dem Werkzeug die Liebe des Uhrmachers. Die Werkstatt gehört zum Werkzeug. Ebenso dessen Aufbewahrungsort und Aufbewahrungsform. Alles hat seinen festen und wohldurchdachten Platz. In der Liebe des Uhrmachers zum Werkzeug halten sich das für regelmäßige Kontrolle notwendige Mißtrauen und das Wissen um die Empfindlichkeit der Beziehung die Waage. Jedes einzelne Stück wird der Uhrmacher genau kennen und aufopferungsvoll pflegen, und wie es im entscheidenden schöpferischen Moment keine Schonung gibt, wird der Uhrmacher in Zeiten der Vorbereitung alles tun, um sein Werkzeug von schädlichen Einflüssen fernzuhalten. Alle Einzelheiten der Uhr sollten mit der höchstmöglichen Aufmerksamkeit beachtet werden. Jede Einzelheit der Uhr verlangt das genau ihr zukommende Werkzeug. Von der Qualität eines einzigen, noch so winzigen Rädchens sowie der zu seiner

Herstellung nötigen Vorrichtungen hängt die Qualität der Uhr ab. Umgekehrt hat die Qualität der Uhr Einfluß auf die Qualität des Werkzeugs: die Uhr höchster Güte verlangt Werkzeug höchster Güte. Der Samurai ist nichts ohne sein Schwert, das Schwert ist nichts ohne den Stahl, der Stahl ist nichts ohne das Feuer, vor dem der Schmied sich verbeugt, ohne den Bergmann, das Erz, die Absicht und die Gelegenheit, es zu fördern. Das Schwert wiederum ist nichts ohne die Kunst des Schwertkampfs, die der Samurai bis zur Meisterschaft zu beherrschen bestrebt sein wird. Der Uhrmacher ist nichts ohne sein Werkzeug, dieses für sich ist sinnlos. Das teuerste und beste Werkzeug verkommt in der Hand, die es unsachgemäß gebraucht. Der Gebrauch des Werkzeugs verlangt lebenslange und systematische Übung. Gilt es die Uhr, opfert es der Uhrmacher ohne Bedenken.

III

DIE MEISTER

Man kennt sie nicht sofort, dann aber auf einen
Schlag. Hin und wieder ist ihre Meisterschaft verbor-
gen, ihre Arbeiten erscheinen dem kritischen Sinn
von Schülerhaftigkeiten durchwirkt, Fahne und Wap-
1'25'' pen löchrig, der Stolz angemaßt, von der Blindheit
mit Namen Ahnungslosigkeit auf eine nicht zukom-
mende Höhe befördert. Dies sind die Augenblicke, in
denen derjenige, der glaubt, selbst schon ein Meister
zu sein, weil er die Schwächen der Meister erkannt
1'30'' haben will, das Wissen um die Schwierigkeiten des
Schöpfens verliert – was eine Einladung enthält, den
Status des Kritikers zu verlassen und an der Landge-
winnung am Nichts teilzunehmen, die den tatsächli-
chen oder scheinbaren Fehler abwarf. Dies tut sie mit
1'35'' der Sicherheit des Weizenfelds, in dem eine verdor-
bene Ähre nur um so deutlicher auf den Glanz der

anderen weist. Das Wissen um die Schwächen der
Meister sollte nicht den Respekt vor ihnen mindern.
Manchmal sind diese Schwächen nur das, was auf ei-
1'40" nem Schlachtfeld blieb, dessen Siege in ihrer Bedeu-
tung allmählich und furchterregend sichtbar werden.
So kann man die Funken, die bei einem Schleifprozeß
fallen, als Schwächen deuten, das jedoch sagt nichts
über Art und Qualität des Werkstücks aus, an dem
1'45" geschliffen wird.

Es gibt die Meister des Augenblicks; sie errichten
ein Königreich in einem Peitschenknall. Es gibt die
Meister der Treppe; ihr Schatten ist das Unabänderli-
che. Es gibt die Meister des Spiegels; sie sind diejeni-
1'50" gen des Angriffs; ihre Verzweiflung ist die Bequem-
lichkeit der Menschen. Einer von ihnen zu werden ist
dem Uhrmacher Antrieb und Bedürfnis. Dies setzt

Ähnlichkeit voraus. Der Wunsch, ihnen ähnlich zu werden, besteht; der Uhrmacher aber weiß, daß es keine zwei identischen Uhren gibt. Ist der Zeitpunkt gekommen, wo der Meisteranwärter dem auserwählten Vorbild zu gleichen scheint wie ein Zwilling dem andern, entscheidet das Duell. Das Original siegt nicht immer über die Kopie. Der Schmerz der Wunde wird zuletzt in Dankbarkeit über die Verwundung umschlagen. Die Verletzung ist die Hebamme des Neuen, des Unterschieds.

Sie alle leiden unter dem Geschwätz und suchen nach einer Möglichkeit, ihm zu entkommen, die Stille zu erreichen, in der die Zeit steht. Insofern sind die Meister diejenigen, die am weitesten gekommen sind auf dem Weg der Vollendung, der Abschaffung der Uhr.

IV

DIE ZEIGER

Vor die Wahl gestellt, viel Geld zu verdienen oder an der nie dagewesenen Uhr zu bauen, entscheidet sich der Uhrmacher, nach nur kurzem Zögern, für die Uhr. Der Uhrmacher arbeitet nicht des Geldes wegen. Er braucht es, wie jedermann, für die grundlegenden Bedürfnisse. Schwierig wird es, wenn sich die Gebiete durchdringen. Tickendes Geld und einträgliche Uhren sind Mischwesen; wie die Fragen, die sie stellen, werden auch die Antworten vieldeutig sein.

Der Uhrmacher hat Vergnügen an der Uhr und, besonders, an der Kunst, sie zu bauen. Dieses Vergnügen wird unermeßlich, wenn der Uhrmacher und die Uhr eins werden. Der Beifall kommt von der Uhr. Der Moment völliger Hingabe an die Uhr ist das Glück des Uhrmachers.

V

DAS ZIFFERBLATT

Hält er Umschau, betritt der Uhrmacher den Kreis
des Zifferblatts. Dies bedeutet zugleich Aufnahme
2'25" des Kampfes, denn der Uhrmacher kann sich nicht
sicher sein, ob die Stunden Planeten sind, die um die
Achse der Sonne in gleichmäßigem Abstand ihre
Bahn ziehen. Auch ist der Platz des Uhrmachers nicht
sicher. Ebensowenig die Anzahl und Beschaffenheit
2'30" der Gestirne. Das Zifferblatt sucht sich – und findet
das Lächeln seines Spiegelbilds.

VI

DIE REINHEIT

Dem Uhrmacher gelingt es schließlich, den Staub dazu zu bringen, sich in die Kunst des Uhrenbaus zu verlieben. Was der Uhrmacher dann aber verliert, ist die
2'35'' Geradlinigkeit und Zweckmäßigkeit erklärter Feindschaft. Nicht nur wird sie niemals langweilig, sie ist auch insofern angenehm, daß sie die Ausrede ist.

VII

DAS TASCHENTUCH

Die Kunst des Uhrenbaus erkennt das Taschentuch an; entscheidend aber sind die Umstände des Schnupfens.

VIII

DAS PENDEL

2'40'' Krieg und Frieden, Dunkelheit und Licht, Hoch und
Niedrig, Wahrheit und Lüge sind die Gesetze. Versucht
das Gericht sie anzuwenden, erhält es die Gesetze
nicht mehr klar, sondern durchmischt mit dem Echo
der Gegenseite, getrübt vom Widerspruch. Die Weiter-
2'45'' gabe der Gesetze erfolgt in Richtung der Schwer-
kraft; die Linie der Pendelschwingung bezeichnet die
Wunde der Uhr.

IX

DER ANKER

Umgreift die Sonne während ihrer Suche nach dem Licht die Sonne, wird der Anker zur notwendigen
2'50" Instanz der Orientierung. Zwischen Bewegung und Bewegung vermittelt er den Halt, den der Uhrmacher braucht, um sein Werk zu betrachten, ihm vorübergehend und ruhend zu entkommen, bevor er es mit neuen Kräften fortsetzen kann. Der Taktgeber der
2'55" Zeit entrichtet zugleich den Tribut an die Zeit.

DIE FEDER

Zur Genauigkeit der Uhr gehört die Untersuchung der Genauigkeit: Wie es grundsätzlich Passion ist, die, aus bestimmten Gründen als Interesse getarnt, den Uhrmacher immer wieder zur Uhr zieht, womöglich
3'00" seine Schatten in Bestandteile der Uhr verwandelt, so ist es die Feder, die die Uhr aus dem Zustand der Latenz in den Zustand gezeigter Bewegung versetzt, wobei die Entscheidungen, die mit der treibenden Kraft der Feder ermöglicht werden, aus Bewegung
3'05" Stillstand herstellen und somit als das Ziel der Uhr den Stillstand nennen.

XI

DIE HEMMUNG

Wenn sich der Uhrmacher darüber klar zu werden
versucht, ob eine Uhr ohne Hemmung existieren kann,
sollte er bedenken, daß der Satz »ohne Hemmung
3'10" gibt es keine Uhr« zwar die Härte und, daraus folgend,
auch die Schönheit einer Schwertklinge besitzt, nicht
jedoch, da die Lehre Einwände erhebt, den Atem, der
die Klinge beschlägt. Zur Wahrheit über Wahrheiten
gehört, daß sie nicht immer von jener bestechenden,
3'15" da brutalen Einfachheit sind, die man, aus der Erfah-
rung des praktischen Lebens urteilend, für ihr untrüg-
liches Merkmal hält.

DIE UNRUH

Es ist nicht sicher, ob die Uhr etwas vom Uhrmacher erwartet.

D

VII

A

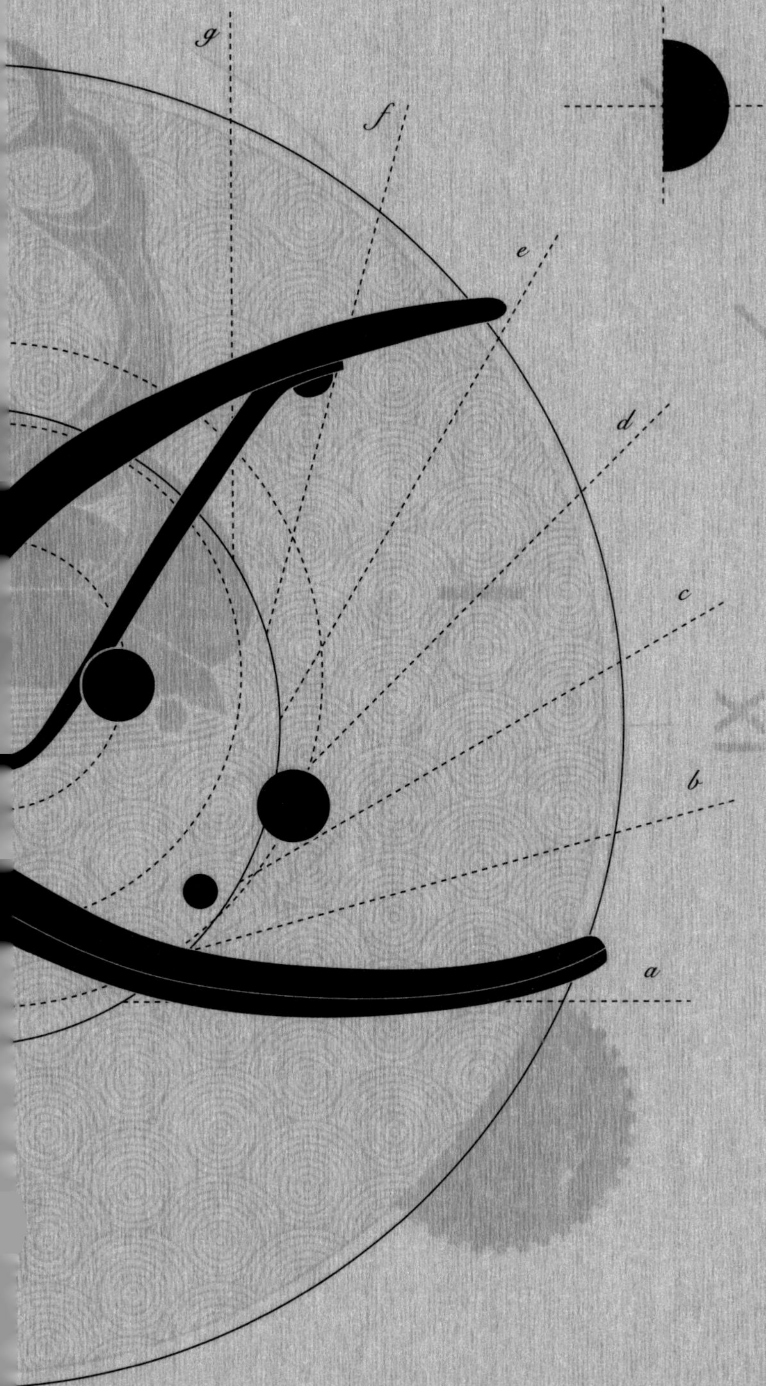
g
f
e
d
c
b
a

IX

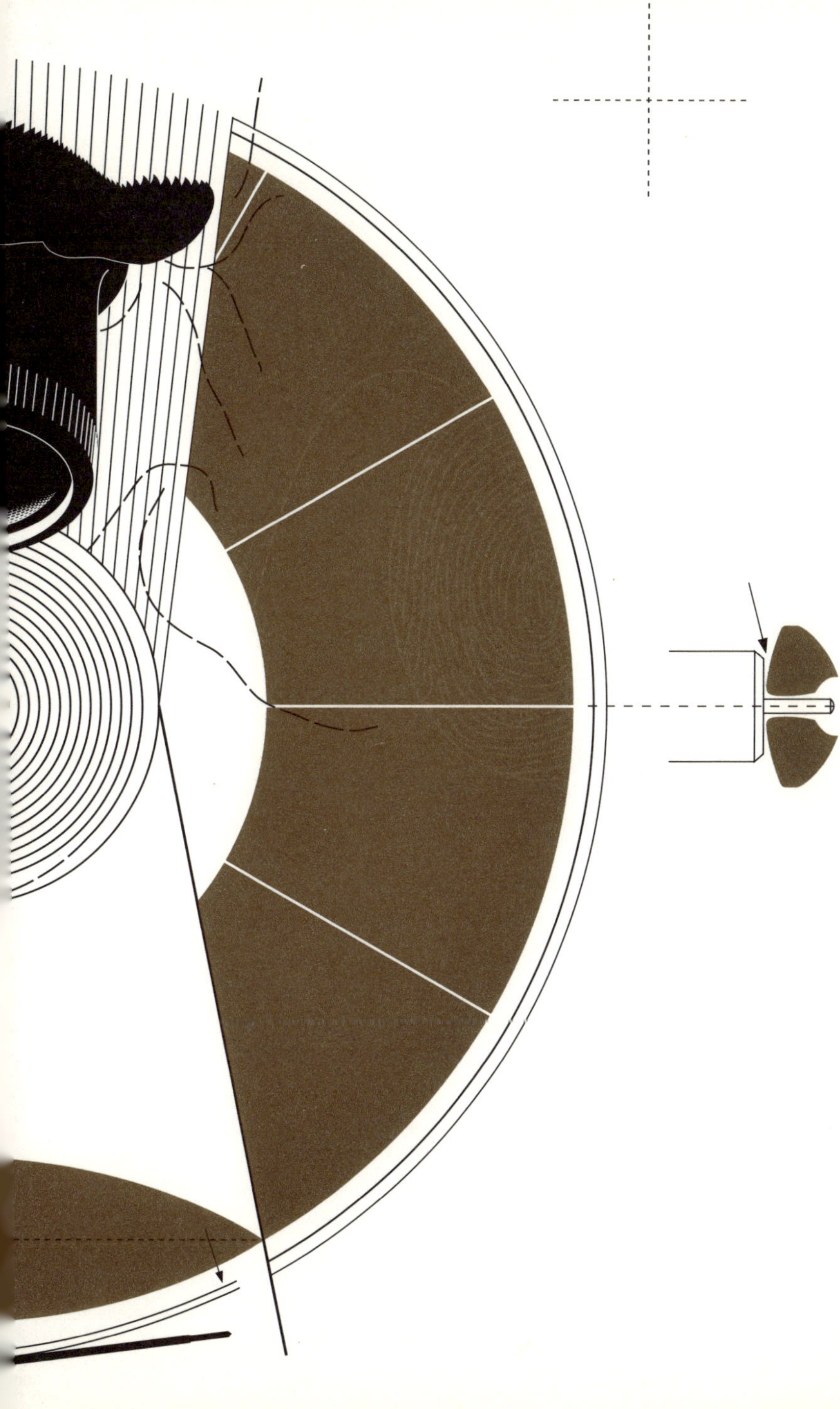

Die Nacht

DAS LICHT

Das dritte Licht: Aus dem Dunkel vortasten, Grenze zwischen Nacht und Tag. Die anspruchslosen Tätigkeiten, denen dennoch die ganze Aufmerksamkeit gehören muß. Der Lehrling wird wissen, daß die Nacht hinter ihm etwas endgültig Schlimmes verbirgt.

Das zweite Licht: Das Nebenliegende. Schwarz ist verlassen, Weiß noch nicht erreicht. Das Nebenliegende wird zur Hauptsache und verliert so seinen Charakter. Gleichzeitig bleibt es neben dem Fokus der Aufmerksamkeit in der Unschärfezone sichtbar. Kostbar ist die Kenntnis des Rands. Der Umschlagplatz. Der Lehrling wird zum Boten. Hier beginnt die Komödie. Komödie ist das Ernstnehmen des Tragischen.

Das erste Licht: Dem Fenster am nächsten. Gebun-
denheit wird zur Freiheit. Rechtfertigung ist keine
3'35'' Kategorie der Uhr. Der Uhrmacher besitzt den Mut,
die Stufen, die zu seinen Überlegungen führen, nicht
in die Uhr einzubauen. Der Uhrmacher erinnert sich
an den Lehrling, der er war, und verläßt ihn. Die
Suche nach Vollkommenheit, begleitet vom Schatten
3'40'' des Fehlers, wird zum bestimmenden Trieb. Es ist
nicht zweckmäßig, sich allzusehr vom Tag abhängig
zu machen.

DIE JAGD

Abgründig, doch nicht realistisch gedacht ist es, das
Einverständnis des Wilds zur Jagd vorauszusetzen.
3'45'' Eine solche Abmachung, und geschähe sie geheim,
wäre nur dann im Sinn des Wilds, wenn es dadurch
die Gelegenheit erhält, zur anderen Seite überzu-
gehen. In der Verborgenheit beginnt die Jagd. Fällt
der Schuß, ist sie offenbar und nicht mehr zu korrigie-
3'50'' ren. Die einzige Verschwendung, die der Jäger kennt,
gilt der Verschwendungslosigkeit des Schusses. Es
ist nicht klar, für wen der Schuß Freiheit bedeutet.

Nicht weiß der Uhrmacher, was geschieht, wenn die
Uhr die Werkstatt verlassen hat. Die Jagd erzieht zur
3'55'' Sparsamkeit. Von ihrem Ende her wird die Jagd beur-
teilt. Deshalb muß der Jäger das Warten lernen, denn
es ist der größte Teil der Kunst. Das Einkreisen ge-
schieht in den Gesetzen des Kreises. Der Schuß führt
zur Melancholie; die Pirsch funkelt in den Facetten
4'00'' des Liebesglücks. Die Einbeziehung des Wilds in die
Methode gibt den Ausschlag für den Erfolg der Jagd.
Gefährlich ist es, kein Risiko einzugehen.

XV

DAS WARTEN

Lockung in ihrer höchsten Form ist der Zweck des Wartens, das Wild ist das Ziel. Endlich weiterzukommen fordern zuletzt fast alle Stimmen, doch kennt der Uhrmacher die Scheu und die Klugheit des Wilds. So zwingt er sich, den vorwärtsdrängenden Kräften zu widerstehen. Er hält aus, während um den Punkt seines Widerstands der Orkan der Außengeschehnisse rast. Das Ende des Wartens ist nahe, wenn die Stille vergißt, daß sie wartet, wenn der Lärm die Geduld verliert und weiterzieht. Viel Energie kostet das Warten, doch diese Energie ist es, die den Fehler sichtbar werden läßt. Denn auch das Wild kann warten, und nicht immer sind Jäger und Wild zwei verschiedene Pole.

Ohne den Sammler existiert der Uhrmacher, aber
nicht die Uhrmacherkunst. Die Varianten sind des
Sammlers Glück, aber des Uhrmachers Verzweiflung.
4'20" Zum Glück des Uhrmachers gehören die Varianten
des Sammlers. Der Sammler wird dem Uhrmacher
Ansporn sein, das, was er für Vollendung hielt,
immer aufs neue anzuzweifeln. Der Uhrmacher wird
dem Uhrmacher Gewissen sein, den Sammler und
4'25" sich selbst anzuzweifeln. Dem Uhrmacher gilt des
Sammlers Furcht, denn es steht beim Uhrmacher, die
neue, bessere, schönere Uhr zu bauen. Den anderen
Sammlern gilt des Sammlers Haß, denn mit ihnen
teilt er seine Liebe. Das Eigene im Fremden erregt

oft Abscheu, die zuletzt in Feindschaft umschlägt.
4'30" Dem Sammler gilt des Uhrmachers Furcht, denn es steht beim Sammler, die neue, bessere, schönere Uhr anzuerkennen. Den anderen Uhrmachern gilt des Uhrmachers Herzklopfen, denn sie sind seine Prüfer. In ihrer höchsten Form werden alle Varianten gültig
4'35" sein, jede für sich und auf je eigene Weise. Da sie, wiederum auf je eigene Weise, genügen, keine von ihnen besser, sondern nur anders als die andere ist, entsteht die Idee der vollkommenen Uhr. Denn es ist das Bedürfnis des Uhrmachers, die eine einzige Uhr
5'00" zu schaffen, die alle anderen Uhren übertrifft; und es ist das Bedürfnis des Sammlers, diese Uhr zu besitzen.

Um in ihren Besitz zu gelangen, ist er bereit, alles andere preiszugeben. Der Wunsch nach Besitz, dem eine Phase der Befreundung, der Abwehr, des Spotts, der Unruhe vorausgeht, wird zuletzt beim Sammler übermächtig. Die Jagd beginnt mit dem Eingeständnis, geschlagen zu sein. Zwei Gestirne, die umeinander kreisen, in untrennbarer Beziehung, einander die genauesten Kenner, Schmerzzufüger und Liebhaber, sind Sammler und Uhrmacher Zwillinge. Ihre Qual heißt Unentschlossenheit. Beide sind in der Hand der Uhr. Erlösend wirkt das abschließende Gelächter.

DIE LEHRE

Der Uhrmacher wird erkennen, daß sich alles auf
einem konzentrisch verlaufenden Kreis abspielt. Die
5'15'' Annäherung an das Zentrum geschieht auf der Bahn
und in den Möglichkeiten des Labyrinths. Über die
Reise existieren Aufzeichnungen, aber da sich die
Meere, die Schiffe, die Fracht und die Reisenden
ändern, werden die Reisen nicht bleiben, was sie in
5'20'' den Aufzeichnungen zu sein schienen. Irgendwann
wird der Uhrmacher, den das Unbekannte mehr reizt
als das Bekannte, die Bücher beiseitelegen. Auch das
steht in den Büchern.

Schule und Lehrer sind unerbittlich. Der Uhrmacher
5'25'' wird die Schule nie verlassen. Sie macht ihn zu dem, was er ist, sie formt seinen Charakter, lehrt ihn sehen, unternimmt es, ihn zum ersten Mal auf die Reise zu seinen Grenzen zu schicken, eine Erfahrung, die er nie vergißt und die er von da an zu wiederholen
5'30'' wünscht. Diese Wiederholungen entfernen von der Schule, denn sie versuchen, zurückzukehren. Die Entfernung von der Schule ist ein Grundsatz der Schule.

XIX

DER STIL

Stil ist Prinzip. Konsequenz bestimmt die Handlung des Uhrmachers. Die Schönheit der Uhr liegt in
5'35" ihrem Werk, nicht in ihrem Gehäuse. Der Uhrmacher wird den Fliegenschnäpper dem Papagei vorziehen. Die Handschrift sucht das Äußerste, erkennt aber die Gültigkeit des Angemessenen. Der Uhrmacher übt bewußten Verzicht, um von der Farbe zur Linie
5'40" zu gelangen.

XX

DIE KOMPLIKATION

Die einfache Uhr ist der Anfang, aber sie läßt dem Uhrmacher keine Ruhe. Bald hat er Ideen zu Details, er wird die Uhr verändern und glauben, an ihrer Vervollkommnung zu arbeiten. Er wird, wenn es
5'45'' Abweichungen gab, die Leuchtkraft der Symmetrie, und, wenn es allzu regelmäßig zuging, den Reiz des kleinen andauernden Schmerzes wahrnehmen, den die Asymmetrie erzeugt. Der einfache Plan wuchert, treibt Äste aus, die Äste austreiben. Am Ende gelangt
5'50'' der Uhrmacher wieder zur einfachen Uhr.

XXI

DER SINN

Die Uhr, die hinter der Uhr erscheint, ist der Magnet; das Schiff antwortet nicht auf die immer wieder gestellten Fragen von Passagieren und Mannschaft, es fährt nach dem Steuer des Kapitäns und nach dem
5'55'' Willen des Magneten.

DER ZWEIFEL

Falsch und Richtig, der Fehler aber, ist er nicht
unwiderruflich, gehört zu den haltenden Energien.
Da der Zweifel dem Bohrer gleicht, der unaufhaltsam
sich dem schwachen Punkt nähert, bis er ihn trifft
6'00" wie den Nerv eines kranken Zahns und die Stich-
flamme des Schmerzes den berechtigten Vorbehalt
im unberechtigten verbrennt, wird der Uhrmacher
die verfehlte Uhr beiseitelegen, bevor er sich mit
dem Wunsch, der Nachgiebigkeit oder der raschen
6'05" Zufriedenheit des Kunden über die mißglückte Arbeit

hinwegtrösten kann, bevor die innere Stimme, die zur Schnellfertigkeit rät und die der Uhrmacher ebenso genau kennt wie er sie lebenslang bekämpft, das Gewissen mit Lügen umspinnt. Er muß, ganz gleich, was
6'10'' die Bequemlichkeit davon hält, von vorn beginnen, ohne sich damit helfen zu können, daß Teile der verworfenen Uhr für die neue verwendbar sein werden. Dies ist ab einem bestimmten Grad der Arbeit nicht mehr möglich, und notwendig ist es dann zu töten,
6'15'' nicht, den Arzt zu spielen.

XXIII

DIE UHRMACHERIN

Jene, der es offenbar niemals langweilig wird, immer
nur zu siegen, wird ihrem Gegner verzeihen, daß
die Liebe zu einer Uhr größer zu sein scheint als die
Liebe zu ihr. Welche Großzügigkeit liegt in dieser
6'20" Nachsicht, denn der Uhrmacher ist nichts ohne die
Uhrmacherin. Sie ahnt, daß es die Furcht des Mannes
ist, daß sie ebenso wie er ihre ganze Aufmerksamkeit
einem Gegenstand zuwenden und seine, eines Men-
schen, Existenz daneben vergessen könnte. Er ahnt,
6'25" daß die Uhrmacherin die bessere Uhr zu bauen im-
stande wäre. Der Preis, den die Uhrmacherin ent-
richtet, ist hoch. Die Frage, ob er gerechtfertigt ist,
belastet das Gewissen des Uhrmachers. Die Uhr-
macherin verzichtet auf Gegenliebe; der Uhrmacher
6'30" verzichtet auf sich selbst. Gewissen und Schuld wer-
den mit Beschwichtigungen zum Schweigen gebracht,
die alle den Namen der Uhr tragen.

XXIV

DER UHRMACHER

Die lebendigste Uhr ist der Uhrmacher. Die vollkommene Uhr, sollte sie jemals existieren, wird der Tod
6'35'' des Uhrmachers sein.

Mit diesem Buch des in Dresden geborenen Uwe Tellkamp möchte ich erinnern an den Dresdner Wolfgang Jess Verlag, der unter dem Druck von zwei deutschen Diktaturen zunächst 1944 und dann endgültig 1958 aufgeben musste.

JENS UWE JESS HERAUSGEBER DER EDITION EICHTHAL

1. AUFLAGE 2010)(

GESTALTUNG: ANDREAS TÖPFER)(GESETZT AUS DER PLANETA UND DER ARCHER

DRUCK UND BINDUNG: STEINMEIER, DEININGEN)(PRINTED IN GERMANY

ISBN 978-3-9811115-3-8

DIE UHR ERSCHEINT AUCH ALS VON ANDREAS TÖPFER GESTALTETES BUCHOBJEKT

IN 100 NUMMERIERTEN UND SIGNIERTEN EXEMPLAREN.

ISBN 978-3-9811115-4-5

DIE EDITION EICHTHAL DANKT HERRN MICHAEL KICHERER UND DEM

DEUTSCHEN UHRENMUSEUM GLASHÜTTE FÜR DIE FREUNDLICHE UNTERSTÜTZUNG.